LA

PHOTOGRAPHIE INDIRECTE
DES COULEURS

Louis-Arthur DUCOS du HAURON

[illegible] (Gironde)

L. DUCOS DU HAURON

LA PHOTOGRAPHIE INDIRECTE des Couleurs

NOUVEAUX PROCÉDÉS OPÉRATOIRES A LA PORTÉE DE TOUS
SUIVIS DES PLUS RÉCENTES
DÉFINITIONS THÉORIQUES ET VULGARISATRICES DU SYSTÈME

Illustration en couleurs de MM. Prieur et Dubois

PARIS
CHARLES MENDEL, ÉDITEUR
118 ET 118 *bis*, RUE D'ASSAS

PRÉFACE

La Photographie aux trois couleurs, connue également sous la dénomination de *Photographie indirecte des couleurs*, relève à la fois de la Science et de l'Art. Quel que soit celui de ces deux aspects sous lequel on la considère, elle n'a plus aujourd'hui à faire ses preuves. Pour le groupe des privilégiés et des spécialistes, la double démonstration dont il s'agit date déjà d'un certain nombre d'années. A son tour la conviction du grand public vient de se faire, grâce, notamment, au spectacle grandiose que MM. Auguste et Louis Lumière ont inauguré ces temps derniers, sous forme de projections, dans la salle des fêtes du Champ-de-Mars.

Neveu de l'inventeur de ce magnifique système de reconstitution des couleurs de la nature, c'est avec une joie profonde que j'ai applaudi avec tant de milliers de spectateurs, à cette sorte d'apothéose dont MM. Lumière ont enveloppé la *Loi des trois couleurs*, telle que mon oncle l'avait définie il y a plus de trente ans. Pour surcroît de légitime fierté, j'ai également assisté dans cette même salle des fêtes à un second triomphe dont ma famille a également le droit de revendiquer sa part. Je veux parler des projections *cinématographiques* par lesquelles les mêmes MM. Lumière ont soulevé l'enthousiasme d'immenses assemblées. C'est bien mon oncle Louis Ducos du Hauron qui, par deux brevets pris en l'année 1864 (Brevet français de 15 ans, 1er mars 1864, n° 61976 : Appareil destiné à reproduire photographiquement une scène quelconque avec toutes les transformations qu'elle a subie pendant un temps déterminé *(Chronophotographie, appelée aujourd'hui Cinématographie)*. — 3 décembre 1864 (Certificat d'addition au brevet ci-dessus), ouvrit l'innombrable série des publications descriptives de la *Chronophotographie*.

Malheureusement pour lui, il était arrivé trop tôt : en ce temps-là, l'instantanéité des préparations photographiques n'avait pas encore été conquise.

Si j'évoque de la sorte deux des plus belles inventions de Louis Ducos du Hauron, c'est que le passé aide à juger le présent. Le lecteur des pages qui vont suivre ne voudra pas croire que l'enseignement qu'elles contiennent puisse l'induire en erreur ni l'entraîner à la poursuite d'un but chimérique ou simplement aléatoire.

Cet enseignement, donné sans réticence, mais tout au contraire avec le ferme désir d'assurer la réussite d'une nombreuse phalange de chromophotographes, vulgarisera rapidement, nous en avons la pleine confiance, la pratique d'un art dont les séductions surpassent de beaucoup celles de la photographie noire.

Grâce au précieux concours de MM. Prieur et Dubois, nous avons pu joindre à ce petit livre un élégant spécimen typographique du nouvel art. Nous les prions d'agréer nos remerciements.

La destination de ce livre étant essentiellement pratique, l'auteur, L. Ducos du Hauron, va droit au but en indiquant en premier lieu, contrairement à la marche la plus généralement adoptée, *les moyens pratiques d'exécution*, pour finir par un *résumé théorique* de l'œuvre proposée.

Cette interversion aura le mérite d'affermir les amateurs dans la conviction où ils doivent être que les opérations décrites sont faciles et en grande partie automatiques, et que, pour les gouverner, une forte contention de la pensée n'est jamais nécessaire ; le sens artistique, sans lequel il n'y a pas de vrai photographe, se chargera, à lui seul, de la haute direction qui assure la rectitude et la beauté des résultats.

Quant aux *définitions théoriques* qui constituent la partie finale de l'ouvrage, elles étaient impérieusement commandées à l'auteur par la marche du temps et des événements. En effet, d'une part, les progrès généraux des sciences, au cours des trente dernières années, ceux surtout des études consacrées à l'optique, aux radiations spectrales, etc., nécessitaient quelques modifications dans l'interprétation des phénomènes, telle que l'auteur l'avait primitivement formulée ; d'autre part, il s'est glissé récemment, sous la plume de plusieurs chroniqueurs scientifiques d'ailleurs fort distingués, de très graves erreurs quand ils ont voulu définir à leur tour l'Héliochromie de Ducos du Hauron.

Les fausses indications, en de pareils sujets, peuvent à elles seules, qu'on ne s'y méprenne pas, briser ou faire dévier l'essor des choses nouvelles contenues en une invention aussi complexe et aussi vaste que la *Photographie indirecte des couleurs*. L'auteur attache donc, à juste titre, une importance de premier ordre aux exactes définitions de son œuvre.

GASTON DUCOS DU HAURON.

MANUEL PRATIQUE

§ Ier. — OBTENTION DES TROIS NEGATIFS

Trois négatifs sont pris, soit successivement avec un appareil ordinaire, muni de trois châssis garnis chacun de l'un des écrans colorés, soit simultanément et d'un seul coup à l'aide d'un triple appareil chromographique.

Si l'on fait usage d'un appareil ordinaire, on se trouve souvent en présence d'inconvénients sérieux : des changements peuvent se produire dans le modèle pendant l'intervalle des trois poses. L'éclairage du sujet peut se modifier, des ombres portées peuvent se déplacer, des nuages peuvent marcher ou changer de forme; s'il s'agit d'un portrait, la personne peut bouger pendant la substitution d'un châssis à l'autre.

On évite ces inconvénients en usant du triple

appareil : on est alors assuré que les trois poses commencent en même temps et s'achèvent de même. Cette condition se trouve remplie si l'on fait usage de notre *Mélanochromoscope A*, appelé également par abréviation *Mélano A*. Cet instrument est une répétition de notre précédent mélanochromoscope (1), avec cette différence que les trois négatifs sont obtenus à l'aide d'un seul objectif sur trois plaques distinctes. Grâce à la nature des écrans colorés et des réflecteurs qu'il renferme, l'équilibre dans la venue des trois négatifs est assuré.

Il existe néanmoins des cas assez nombreux dans lesquels la prise successive des négatifs est

(1) Notre premier mélanochromoscope est un instrument de dimensions réduites, dans lequel les trois négatifs sont obtenus sur une même plaque au moyen de trois lentilles différentes servant séparément d'objectifs pour chacun d'eux. Une triple photocopie positive en est obtenue par contact et pareillement sur une seule plaque. Celle-ci étant placée dans l'instrument à la position qu'occupait la plaque négative, procure la vision polychrome. Le résultat, bien que convenable comme vision, laisse à désirer sous le rapport de la grande finesse : et les négatifs, très petits d'ailleurs, ne seraient guère aptes à fournir des tirages en couleur acceptables.

praticable. Les trois châssis devront alors avoir chacun une feuillure dans laquelle se logera l'écran coloré ; cet écran consiste, exécuté sous la forme la plus pratique, en une pellicule rigide ou un verre extra-mince recouvert d'une couche de gélatine colorée. On pourrait encore passer successivement les écrans dans une ouverture pratiquée à l'arrière de la chambre à proximité des châssis.

Il importe de donner une grande stabilité à la chambre et d'assurer pendant les trois poses le maintien rigoureux de la distance entre la partie supérieure du cadre qui porte les châssis et l'avant de la chambre. On arrive à ce dernier résultat au moyen de deux tringles métalliques coulissant l'une sur l'autre et se fixant à la position voulue à l'aide d'un écrou.

Lorsqu'on opère ainsi par poses successives en se servant d'une chambre ordinaire, il est facultatif de n'employer qu'une seule sorte de plaques pour la production des trois phototypes négatifs ou d'employer trois plaques de composition différente.

Dans le premier cas, il est rationnel de faire

usage de la plaque *panchromatique* Lumière, qui est sensible à toutes les couleurs.

On pourra alors se guider approximativement, pour la relation des poses, sur les chiffres suivants qui se rapportent à la prise d'un paysage avec un objectif muni d'un diaphragme assez petit :

Écran orangé	3 minutes.
Écran vert.	20 secondes.
Écran violet.	1 seconde.

Dans le second cas, on emploiera : 1° pour le négatif de l'écran orangé la plaque spécialement sensible à l'orangé que la maison Lumière livre sous la marque B et qui est connue sous le nom de *Ortho B;* 2° pour le négatif de l'écran vert la plaque spécialement sensible au vert livrée par la maison Lumière, sous la marque A et connue sous le nom d'*Ortho A* ; 3° pour le négatif de l'écran violet une plaque ordinaire non chromatisée ; une plaque lente étiquette jaune de la maison Lumière, conviendra pour cet objet.

Les poses dans les conditions ci-dessus deviendront alors :

Écran orangé	2 minutes.
Écran vert.	10 secondes.
Écran violet.	7 à 8 secondes.

NOTA. — Avec l'emploi de la plaque non chromatisée, étiquette jaune, l'écran violet pourrait être supprimé, attendu qu'elle n'est sensible qu'aux rayons bleus et violets ; et avec l'emploi de la plaque *Ortho A*, l'écran vert pourrait être remplacé impunément par un écran jaune, par la raison que parmi les diverses lumières que transmet l'écran jaune, la plaque *Ortho A* n'est sensible presqu'exclusivement, qu'à la lumière verte. Un écran jaune est donc vert pour la plaque *Ortho A*. Seulement il faudrait poser un peu moins, parce qu'il transmet un peu plus abondamment les rayons verts que ne le fait l'écran vert lui-même. Nous ferons cependant observer qu'avec l'écran vert la sélection est plus parfaite.

En photochromographie, les accidents connus sous le nom d'auréoles et de halos sont beaucoup plus à redouter et occasionnent plus de désordres que dans la photographie ordinaire, attendu que les radiations vertes et surtout les radiations orangées traversent bien plus abondamment la couche jaune de bromure d'argent pendant la pose nécessaire à la formation de leurs phototypes respectifs que les radiations bleues et violettes ne traversent cette même couche dans le temps voulu pour l'empreinte qu'elles doivent produire. Aussi est-il nécessaire d'appliquer sur le dos des plaques un enduit sombre. Nous recommandons tout spécialement l'emploi des adhésifs antihalos qui sont livrés dans des pochettes.

MANUEL PRATIQUE

§ II. — LES TROIS POSITIFS PROCURANT LA SYNTHÈSE DES COULEURS

Il existe deux manières d'utiliser le trio de phototypes constituant le chromogramme négatif ci-dessus décrit. On créera soit *trois positifs incolores*, soit *trois positifs colorés.*

1° **Les trois positifs incolores.** — On les exécute à l'état de transparence, autrement dit sous forme de trois diapositifs, et on les installe dans un appareil chromoscopique à réflecteurs à la fois transparents et réfléchissants, et tel que notre Mélanochromoscope A lui-même : il porte les trois écrans colorés orangé, vert et violet. Le diapositif de la lumière orangée doit être placé contre l'écran orangé, le diapositif provenant de la lumière verte contre l'écran vert, le diapositif de la lumière violette contre l'écran violet. Si on regarde dans l'appareil à travers l'oculaire dont il est muni, les trois images s'additionnent par un effet de réflexion, et on jouit de la vision du sujet polychrome.

2° **Les trois positifs colorés.** — Ce second mode de synthèse consiste à tirer de chaque négatif une photocopie positive d'une seule couleur de nature transparente et à superposer ces trois monochromes sur un fond blanc. On tire en bleu l'épreuve fournie par la lumière orangée, en rouge la photocopie de la lumière verte, en jaune celle de la lumière violette.

La superposition de ces trois monochromes réalise sous forme matérielle et pigmentaire la synthèse polychrome en y comprenant le noir.

Il existe de nombreuses méthodes de tirage et de superposition des sus-dits monochromes. Nous allons indiquer la plus simple, celle qui est à la portée de tous les amateurs tant soit peu soigneux.

Elle consiste à créer les monochromes sur trois pellicules ou trois feuilles de verre extra-minces, puis à repérer et coller ces trois images l'une sur l'autre pour les regarder par transparence. Sous cette forme, la photochromographie se prête à diverses applications des plus attrayantes : vitraux, diaphanies, projections, stéréoscopie, etc.

Quant aux modes d'impression, il en existe une grande variété. Nous allons décrire celui que nous avons élaboré en dernier lieu et que nous présentons comme le plus facilement applicable.

Réduit à sa dernière simplicité, ce mode consiste pour l'amateur à prendre un trio de plaques extra-minces ou mieux de pellicules rigides gélatinées, livrées toutes colorées l'une en rouge, l'autre en jaune, la troisième en bleu, à les sensibiliser dans un bain de bichromate, les exposer à la lumière *par leur recto*, après dessication, chacune sous le négatif voulu, et les plonger dans l'eau froide. Les plaques abandonnent peu à peu, dans les parties qui étaient protégées de la lumière par les opacités des négatifs, leur matière colorante qui est soluble, et on les retire lorsque cette décoloration est jugée suffisante.

Toute séduisante que paraisse cette manière

si simple d'opérer, elle présente un inconvénient assez grave : la sensibilité à la lumière étant médiocre, la pose sous le châssis est parfois très longue ; de plus, on n'est pas absolument maître de gouverner l'intensité finale de la coloration des monochromes.

L'amateur tirera un profit plus avantageux de la série d'opérations faciles d'ailleurs à exécuter, que nous allons indiquer.

On prend trois plaques extra-minces au gélatino-bromure ou *mieux encore* trois pellicules rigides au gélatino-bromure, telles que *vitroses rigides Lumière* (seraient-elles vieilles et hors d'usage pour toute autre opération) ; on les sensibilise en les immergeant pendant trois minutes, couche en dessus, dans un bain de bichromate au titre de 30 grammes environ pour un litre en hiver et de 20 grammes en été. Au sortir de ce bain, on les lave très légèrement en les balançant pendant trois ou quatre secondes seulement dans une cuvette d'eau pure.

Puis on les sèche verticalement en les suspendant par un angle, s'il s'agit de pellicules, à une ficelle tendue horizontalement ; on se servira à cet effet d'une petite pince à ressort dite *fixe-cravate*.

On expose l'une des pelliculles sous le négatif de l'écran orangé, une autre sous le négatif de l'écran vert, la troisième sous le négatif de l'écran violet.

Ces expositions se font *par le recto*, c'est-à-dire *par le côté gélatino-bromuré* des pellicules.

Le bromure d'argent joue, en présence du bichromate, le rôle d'accélérateur. Il permet en en outre de suivre les progrès de l'impression lumineuse sur les pellicules, le roussissement du bichromate s'appréciant sur cette couche opalescente comme sur un papier.

La durée de l'exposition peut être de cinq à huit minutes au soleil pour des négatifs de densité et d'opacité moyenne et par une température normale. Plus il faut chaud, plus les poses sont courtes.

On lave les pellicules pendant quelques minutes pour éliminer le bichromate, et on les trempe dans un bain d'hyposulfite pour les dépouiller de leur bromure d'argent. Le titre de l'hyposulfite doit être modérément élevé (5 %

environ) si l'on veut être sûr d'éviter la formation d'ampoules sous la couche de gélatine.

Le départ du bromure commmence par les parties les plus perméables de la couche, celles qui n'ont point subi l'action de la lumière ; aussi ne tarde-t-on pas à voir apparaitre une image passagère, constituée par du bromure d'argent opaque non encore dissous, et qui est négative si on la regarde par réflexion sur un fond noir. On prolonge l'action du bain d'hyposulfite jusqu'à ce que cette image elle-même ait disparu.

Les pellicules étant une fois débromurées, on les lave pendant un moment et on les traite chacune, soit avant soit après dessication, par un bain colorant spécial.

A cet effet, on aura préparé les trois liquides suivants :

Solution bleue.	Eau	1.000 cc.
	Carmin d'indigo en poudre . . .	60 gr.
Solution rouge.	Eau	1.000 cc.
	Rouge Nacarat (couleur d'aniline). .	30 gr.
Solution jaune.	Acide picrique à saturation.	

On immerge dans le bain de bleu la pellicule qui a été insolée sous le négatif de l'écran orangé ; on maintient le côté de la gélatine en dessus. Le liquide pénètre la gélatine et en un moment la colore presque uniformément en bleu dans toutes ses parties, en laissant néanmoins apparaître le plus souvent comme une sorte d'image négative très voilée. Il suffit, pour discerner cette image, de retirer la pellicule du bain colorant et de la débarrasser du liquide bleu qui coule à sa surface en l'agitant pendant quelques secondes dans une cuvette d'eau pure. Il n'y a point lieu de s'effrayer de l'aspect négatif de l'image, une décoloration à l'eau opérera sûrement la métamorphose voulue.

On introduit à cet effet la pellicule dans l'une des rainures d'un panier laveur, après l'avoir fixée par son bord supérieur contre le bord supérieur d'une plaque de verre qui lui sert de support, et cela à l'aide d'une pince fixe-cravate. Il va sans dire qu'on doit bien veiller à ce que le côté de la gélatine se trouve en dehors. Puis on immerge le tout dans une cuve d'eau froide. Le départ de la couleur s'effectuant beaucoup plus vite dans les parties non insolées que dans les autres, l'image négative ne tarde pas à disparaitre pour se changer ensuite en une image positive dont on suit les progrès en la retirant de temps en temps de la cuve. Peu à peu les blancs s'éclaircissent et un séjour suffisamment prolongé dans l'eau réduira l'intensité de l'image, dans le cas où la pose sous le négatif aurait été trop longue.

Cette décoloration à l'eau se fait d'elle-même, régulièrement et dans l'espace d'un moment, d'une façon très nette et très propre ; de plus elle peut être suspendue et reprise quand on veut. On n'a qu'à retirer le panier laveur de la cuve, et on le réimmerge, soit un moment après et avant même que l'épreuve ait eu le temps de sécher, soit un an après si on le désire.

L'opération peut être répétée en quelque sorte indéfiniment ; il est même facultatif de procéder à une recoloration de l'épreuve pour la décolorer de nouveau dans le cas où on l'aurait laissée trop longtemps dans l'eau. Enfin, on a la ressource, ou d'élever le titre du bain colorant ou de le baisser par des additions d'eau suivant l'intensité qu'on désire donner aux épreuves. Il est très simple du reste d'avoir une série de flacons contenant des bains colorants différemment titrés.

Pour obtenir la dessication rapide de l'épreuve, le mieux est de la placer, avec le verre qui sert à la maintenir, sur un chevalet à rainures. On enlèvera immédiatement les grosses gouttes qui pourraient subsister à sa surface en les épongeant avec un bout de papier buvard ; sans cette précaution, elles risqueraient de produire autant de taches. On n'oubliera pas non plus, lorsqu'on séparera la pellicule une fois sèche de son verre, d'éponger la mince couche d'eau qui était tenue emprisonnée entre son verso et le verre.

On procède d'une façon identique pour l'obtention de l'image rouge, en traitant par le bain de rouge la pellicule qui a été insolée sous le négatif de l'écran vert.

On opère de même pour l'obtention de l'image jaune, en traitant par le bain de jaune la pellicule qui a été insolée sous le négatif de l'écran violet. Nous ferons seulement observer que l'image jaune se révèle par décoloration dans l'eau plus rapidement que la bleue ; quelques minutes suffisent ; aussi faut-il la surveiller davantage et ne pas conduire de front la décoloration de trop d'images jaunes.

On apprécie très aisément la venue et la valeur d'une image jaune en l'observant à travers un verre bleu-violet un peu foncé qui la fait apparaître en noir.

Instruction spéciale pour la superposition et le montage des trios de monochromes pelliculaires. — On prend l'une des épreuves monochromes pelliculaires, la *bleue*, on l'applique contre un verre extra-mince d'une dimension quelque peu supérieure à la sienne, et on la fixe par les bords sur ce verre au moyen de quelques petites pinces. On l'y assujettit alors définitivement en encollant les parties libres de sa bordure au moyen de fragments de ces bandelettes de papier noir gommé qui servent à monter les épreuves à projections.

On retire les pinces, on superpose à l'épreuve bleue l'*épreuve rouge* et on fixe cette dernière par un bord seulement avec une pince qu'on applique du côté droit du verre. Cette pince unique n'empêche pas de faire glisser l'épreuve rouge sur la bleue en regardant les deux images à travers le jour et jusqu'à ce que leurs lignes repèrent exactement. A ce moment, tout en tenant pincée avec les doigts de la main gauche l'épreuve rouge, on la fixe solidement sur tout son pourtour avec de nouvelles pinces. Puis on l'assujettit définitivement avec des bandes gommées, comme on a fait pour la bleue.

On retire les pinces et on superpose, repère et établit l'épreuve jaune de la même façon que l'épreuve bleue.

Si l'on n'était pas satisfait du résultat synthétique polychrome d'un sujet, on en serait quitte pour séparer les pellicules à l'aide d'une lame de canif, et pour traiter de nouveau, soit par décoloration, soit au contraire par coloration le monochrome ou les monochromes dont l'intensité ou le modelé ne seraient pas convenables.

Il est facultatif de faire l'essai du résultat avant même de coller les épreuves entre elles. Il suffit, après avoir collé au verre l'épreuve bleue et pincé seulement l'épreuve rouge, de leur superposer pendant quelques instants, sans la fixer, l'épreuve jaune.

Une fois qu'on a assorti et collé ensemble un trio de monochromes, on pose par dessus, la cache noire destinée à limiter le sujet, et on emprisonne le tout sous un second verre extra-mince qu'on relie au premier au moyen de bandelettes gommées.

Au lieu de produire les trois monochromes sur trois pellicules au gélatino-bromure, on peut à la rigueur utiliser pour cet objet trois plaques extra-minces au gélatino-bromure. Les images paraissent suffisamment repérées quand on les regarde en face. Si l'on s'est servi de notre « Mélano A » pour exécuter les négatifs, on devra profiter de cette circonstance que l'image rouge se trouve inversée par rapport à l'image bleue, et que les deux couches de gélatine peuvent dès lors être mises en contact l'une de l'autre. Quant au monochrome jaune, la nature même de sa couleur fait qu'il peut subir un léger dépérage sans que l'œil s'en aperçoive.

Enfin, le monochrome jaune peut être seul

exécuté sur pellicule rigide et être intercalé entre le bleu et le rouge.

Tirages pigmentaires sur papier. — Si l'on désire réaliser le tirage trichrome sous forme réflexe et sur papier, on peut recourir à la méthode des mixtions colorées anciennement dite *au charbon* que j'ai appliquée à mes premières démonstrations qui datent déjà d'une trentaine d'années, et que je décrivis à cette même époque. Ce procédé conduit à de beaux résultats, mais il est long et délicat.

Les tirages trichromes aux encres grasses, employés dans le même but, constituent une méthode plus expéditive, mais qui exige un matériel compliqué. Aussi conseillons-nous aux personnes qui désirent avoir promptement des exemplaires sur papier d'après des trios de négatifs (chromogrammes) qu'elles auront créés, de les faire tirer par des imprimeurs, soit en similigravure soit en photocollographie. La maison Lorilleux fournit actuellement les trois couleurs primaires voulues, rouge, jaune et bleu. Elles sont de deux sortes : les unes sont appropriées par leur degré de fluidité à la similigravure, les autres à la photocollographie.

En résumé, si nous nous plaçons au point de vue industriel, nous devons conclure que l'amateur peut facilement, par notre système, obtenir des chromogrammes et même réaliser sous certaines formes des tirages trichromes en nombre restreint; mais qu'il ne peut songer à obtenir pratiquement de ces mêmes chromogrammes des planches gravées et des tirages à grand nombre; les tirages de cette dernière sorte sont du domaine de l'industrie.

De nombreux industriels, depuis la divulgation de nos procédés, s'y sont essayés. La plupart, promptement découragés par les sacrifices pécuniaires à faire, par les difficultés pratiques à surmonter, se sont arrêtés à mi-chemin. D'autres ont obtenu des résultats plus ou moins satisfaisants mais généralement incomplets.

Parmi les rares maisons qui en France, et on peut dire dans les deux Mondes, ont compris tout le parti qu'on pouvait industriellement tirer de la photographie trichrome, nous devons citer, comme se trouvant en première ligne, la maison

Prieur et Dubois, de Puteaux (Seine). Elle a mis dans ses recherches une conscience éclairée et une persévérance que rien n'a pu lasser, et l'on peut dire que ses efforts lui ont donné des résultats qui constituent le triomphe pratique de notre découverte.

MM. Prieur et Dubois m'ayant fait l'honneur de m'adresser des spécimens dont j'ai été émerveillé, je suis allé visiter leur établissement et là j'ai pu me convaincre de la perfection et de la régularité de leurs travaux.

Longtemps on nous a dit, on l'a écrit en maints ouvrages, que la trichromie devait rester un procédé d'amateur ou une expérience de laboratoire ; que notre découverte n'avait et ne pouvait avoir aucune portée industrielle et pratique.

Même, lorsque de premiers résultats déjà probants furent réalisés, les techniciens, graveurs et imprimeurs, prétendirent qu'il était impossible avec trois couleurs seulement d'obtenir des reproductions parfaitement fidèles, sans l'addition d'un quatrième tirage destiné à donner les noirs et le modelé.

Ce sophisme a cours encore à l'heure actuelle, et on voit que la plupart des exposants étrangers qui se posent en protagonistes de la photographie et des impressions trichromes, mentent à leurs annonces et nous présentent comme trichromes des épreuves à quatre et cinq tirages.

Sans nous arrêter à cette petite supercherie, constatons simplement ou qu'ils n'ont pas eu confiance dans les principes mêmes qu'ils voulaient appliquer ou qu'ils ont manqué des capacités nécessaires.

Nous ne dissimulerons pas la joie que, comme Français et comme inventeur, nous avons éprouvée en rencontrant une maison qui a eu confiance dans les *trois couleurs* et qui, ne faisant usage que de trois couleurs pour ses reproductions, obtient, dans tous les genres, des résultats infiniment supérieurs à ceux obtenus par les maisons similaires.

Ce n'est pas seulement à la similigravure et aux tirages typographiques que cette maison a appliqué la photographie trichrome. C'est encore à la photocollographie, à la lithographie et à l'héliogravure, sans parler d'autres applications industrielles à la céramique, aux impressions sur métal et sur étoffes, etc.

Elle a su, ce qui était plus difficile encore, et supposait, en même temps qu'un sens artistique délié, une connaissance approfondie de son industrie, appliquer à chaque sujet le procédé de reproduction le mieux approprié, réservant, par exemple, l'héliogravure et les tirages en taille-douce aux œuvres d'art, la similigravure et les tirages typographiques à l'industrie.

Comme ont pu s'en rendre compte les visiteurs de l'Exposition Universelle, toutes les épreuves de MM. Prieur et Dubois se distinguent par des caractères tout à fait spéciaux : sélection parfaite des couleurs, netteté de la gravure, vigueur et franchise de l'impression.

Devant ces résultats tombent tous les préjugés qui, depuis 1868, ont retardé, malgré nos efforts, l'application industrielle d'une méthode que nous pressentions dès cette époque appelée à révolutionner la photographie et l'imprimerie.

LA PHOTOGRAPHIE INDIRECTE DES COULEURS

PHOT., GRAV. ET IMP. [illegible]UR & DUB[illegible]S, PUTEAUX.

EXPOSÉ THÉORIQUE

DE

PHOTOGRAPHIE INDIRECTE

DES COULEURS

La série des radiations simples visibles dont se compose la lumière blanche peut se décomposer en trois groupes. Ces trois groupes partagent le spectre solaire normal en trois régions qui en occupent chacune environ un tiers.

L'une s'étend depuis l'extrémité du rouge jusqu'à la ligne du jaune en comprenant l'orangé. Nous l'appellerons *région rouge-orangé.*

La deuxième s'étend depuis la ligne du jaune jusqu'à la limite du vert et du bleu en comprenant le vert-jaune et le vert-bleu. Nous l'appellerons *région verte.*

La troisième s'étend depuis la limite du vert et du bleu jusqu'à l'extrémité du violet. Nous l'appellerons *région bleu-violet.*

Par abréviation, on pourra désigner ces trois régions : *région orangée, région verte, région violette*, et désigner de même l'ensemble des radiations qui composent respectivement ces trois régions : *groupe orangé, groupe vert, groupe violet.*

Les colorations variées des corps de la nature proviennent de ce qu'ils envoient à notre œil des rayons appartenant à des portions plus ou moins étendues de ces trois régions.

Les surfaces qui n'émettent que les radiations comprises strictement dans chacune des trois régions sus-nommées, nous apparaissent respectivement *rouge-orangé, vert, bleu-violet.* Nous désignons les surfaces de cette nature : *surfaces unirégionales.*

Les surfaces qui émettent les radiations comprises strictement dans deux seulement de ces trois régions nous apparaissent respectivement *jaunes, bleues, rouges.* Nous désignons les surfaces de cette nature : *surfaces birégionales.* C'est ainsi que la sensation jaune provoquée par les surfaces de cette couleur est due à l'addition des lumières rouge-orange et verte, la sensation bleue (bleu moyen) à l'addition des lumières verte et bleu-violet, la sensation rouge (rouge cramoisi ou carminé) à l'addition des lumières rouge-orangé et bleu violet.

Les surfaces qui émettent la totalité des radiations comprises dans les trois régions nous apparaissent blanches.

Le blanc est donc une couleur trirégionale.

Quant aux nombreuses nuances intermédiaires que présentent beaucoup de surfaces et qui peuvent être comprises : 1° entre celles des couleurs unirégionales et birégionales ; 2° entre celles des couleurs unirégionales ou birégionales et le blanc (couleurs claires), elles sont le résultat de l'addition de portions plus ou moins grandes des diverses régions. Ainsi, les surfaces orangées sont celles qui émettent toute la région rouge-orangé, plus une petite portion avoisinante de la région verte ; les surfaces jaune-orangé, celles qui émettent une portion moins restreinte de cette dernière région.

Ces préliminaires étant établis, on comprendra aisément l'exposé qui va suivre de notre système de photographie indirecte des couleurs.

Nous le publiâmes et commençâmes à l'appliquer il y a trente ans environ (1). La loi physique en vertu de laquelle une triple sélection d'abord, une triple synthèse ensuite, servent à reconstituer l'innombrable variété des couleurs de la nature, apparaîtra dans toute sa magnificence.

La clef de voûte de notre invention, telle que nous la décrivions dès nos premières publications, consistait, comme elle consiste encore, dans le rôle confié à trois milieux ou écrans sélecteurs convenablement choisis.

Un premier négatif est obtenu par la lumière

(1) 23 novembre 1868. — Brevet français de quinze ans, sous le n° 83061 : *Les Couleurs en Photographie*, solution du problème.

11, 15, 16, 20 et 25 mars, 1er et 6 avril 1869. — Série d'articles de nous-même, publiés à Auch, par le journal *Le Gers*, sous ce titre : *Les Couleurs en Photographie, solution du problème.*

Brochure : *Les Couleurs en Photographie*, solution du problème, mai 1869, Marion, éditeur.

Nous devons mentionner une Note très détaillée, dédiée, en août 1862, à l'Académie des Sciences, mais que nous n'avons publiée que plus tard.

rouge-orangé (interposition d'un écran rouge orangé).

Un deuxième négatif est obtenu par la lumière verte (interposition d'un écran vert).

Un troisième négatif est obtenu par la lumière bleu-violet (interposition d'un écran bleu-violet).

Ces trois négatifs différeront nécessairement entre eux, quant à la répartition des opacités et des transparences, si le modèle est polychrome.

Le premier étant l'œuvre exclusive des radiations du groupe dit *groupe orangé,* les seules que laisse passer l'écran rouge-orangé, présentera en chaque point de sa surface une opacité proportionnelle à la quantité des radiations du groupe orangé qui est émise par le point correspondant du modèle. Les objets qui n'émettent que la lumière rouge-orangé ne seront donc représentés par des opacités que sur ce négatif seulement; et les objets rouge carminé ainsi que les jaunes y seront représentés également par des opacités, le rouge et le jaune étant deux couleurs birégionales qui contiennent chacune du rouge-orangé.

Le deuxième étant l'œuvre exclusive des

radiations du groupe dit *groupe vert*, les seules que laisse passer l'écran de cette couleur, présentera en chaque point de sa surface une opacité proportionnelle à la quantité de radiations du groupe vert qui est émise par le point correspondant du modèle. Les objets qui n'émettent que la lumière verte ne seront donc représentés par des opacités que sur ce négatif seulement; et les objets jaunes ainsi que les objets bleu moyen y seront représentés également par des opacités, le jaune et le bleu étant deux couleurs birégionales qui contiennent chacune du vert.

Le troisième étant l'œuvre exclusive des radiations du groupe dit *groupe violet*, les seules que laisse passer l'écran bleu-violet, présentera en chaque point de sa surface une opacité proportionnelle à la quantité de radiations du groupe violet qui est émise par le point correspondant du modèle. Les objets qui n'émettent que la lumière bleu-violet ne seront donc représentés par des opacités que sur ce négatif seulement; et les objets bleu moyen ainsi que les objets rouge carminé y seront représentés également par des opacités, le bleu et le rouge étant deux couleurs birégionales qui contiennent chacune du bleu-violet.

Les objets d'un blanc pur seront représentés sur les trois négatifs à la fois par des opacités complètes, ces objets émettant en totalité les trois sortes de radiations unirégionales.

Chacun des trois négatifs traduira donc par des opacités celle-là seule des trois sortes de radiations unirégionales qui est pour lui la radiation active et la seule dont il procède.

Mais chacun de ces trois mêmes négatifs traduira au contraire par des transparences les deux sortes de radiations unirégionales qui sont pour lui les radiations inactives, celles qui, n'étant point filtrées par l'écran correspondant, n'ont pu concourir à sa formation : elles constituent, sur les points où elles se trouvent toutes les deux réunies, la *couleur birégionale* complémentaire de la couleur active.

Les objets verts, les objets bleus et les objets bleu-violet seront donc représentés sur le négatif de l'écran rouge-orangé par des transparences, et les objets bleus ne seront représentés par des transparences que sur ce négatif seulement.

Les objets rouge-orangé, les objets rouges et les objets bleu-violet seront représentés sur le négatif de l'écran vert par des transparences, et les objets rouge-cramoisi ne seront représentés par des transparences que sur ce négatif seulement.

Les objets rouge-orangé, les jaunes et les verts seront représentés sur le négatif de l'écran bleu-violet par des transparences, et les objets jaunes ne seront représentés par des transparences que sur ce négatif seulement.

Les objets d'un noir absolu seront représentés sur les trois négatifs à la fois par une transparence complète, ces objets n'émettant aucune radiation.

Pour reconstituer à l'aide de ces trois négatifs analytiques les couleurs du modèle, je proposai dès l'origine deux sortes de synthèse comportant chacune la création de trois monochromes analytiques eux-mêmes, dont la superposition produit la synthèse demandée.

La première est la *synthèse homéochromatique*, laquelle s'effectue par *addition de rayons* (synthèse additive). Elle utilise les opacités des négatifs, c'est-à-dire le travail différentiel lui-même des diverses radiations.

La seconde est la *synthèse antichromatique* : celle-ci qui est un phénomène d'absorption et de transparence, s'effectue par *soustraction de rayons* à l'aide de couleurs matérielles ou pigments dont la teinte birégionale est, pour chaque négatif, complémentaire, c'est-à-dire l'opposé de celle qui a servi à le former (synthèse soustractive). La synthèse antichromatique utilise les transparences des négatifs, c'est-à-dire les absences d'empreintes radiales, lesquelles absences sont représentatives des trois pigments employés.

Les monochromes homéochromatiques et les monochromes antichromatiques sont, comme on va le voir, de nature différente.

Synthèse homéochromatique. — On crée par la photographie ordinaire et à l'aide de chacun des trois négatifs un positif incolore. On illumine respectivement ces trois positifs par leurs lumières génératrices, c'est-à-dire en rouge-orangé, le positif fourni par le négatif de la lumière rouge-orangé ; en vert, le positif fourni par le négatif de la lumière verte ; en bleu-violet, le positif fourni par le négatif de la lumière bleu-violet.

On possède alors trois positifs caractérisés respectivement comme il suit : ombres noires sur fond rouge-orangé, ombres noires sur fond vert, ombres noires sur fond bleu-violet.

Leurs fonds colorés correspondent aux opacités des négatifs et *reconstituent séparément* les radiations agissantes.

Il suit de là :

1° Que les objets noirs se trouvent représentés sur les trois positifs par du noir, absence de toute radiation.

2° Que les objets rouge-orangé sont représentés par du rouge-orangé sur le positif rouge-orangé et par du noir sur les deux autres.

3° Que les objets verts sont représentés par du vert sur le positif vert et par du noir sur les deux autres.

4° Que les objets bleu-violet sont représentés par du bleu-violet sur le positif bleu-violet et par du noir sur les deux autres.

5° Que les objets jaunes (couleur birégionale) sont représentés par du rouge-orangé sur le positif rouge-orangé, par du vert sur le positif vert et par du noir sur le troisième.

6° Que les objets bleus (couleur birégionale) sont représentés par du vert sur le positif vert, par du bleu-violet sur le positif bleu-violet et par du noir sur le troisième.

7° Que les objets rouge carminé (couleur birégionale) sont représentés par du rouge-orangé sur le positif rouge-orangé, par du bleu-violet sur le positif bleu-violet et par du noir sur le troisième.

8° Que les objets blancs (couleur trirégionale). sont représentés sur chacun des trois positifs par sa couleur.

Ces trois positifs représentent donc isolément les trois tableaux unirégionaux que la nature nous montre superposés et donnent une vraie dissection de la couleur (monochromes unirégionaux vérachromatiques). Il ne reste plus qu'à les superposer de même à l'œil à l'aide d'un instrument d'optique approprié, pour reconstituer intégralement, sur les points où deux lumières unirégionales s'additionneront dans les proportions voulues, la couleur birégionale de ces mêmes points; et sur ceux où les trois lumières s'additionneront, leur couleur trirégionale.

Nous avons proposé, dès nos premières publications, deux sortes d'appareils pour réaliser optiquement cette fusion des trois monochromes homéochromatiques ou vérachromatiques en une seule image.

Nous indiquions d'une part l'emploi d'une lanterne à projections à trois corps : elle fait converger les trois images sur un écran.

Nous proposions également une succession de réflecteurs à la fois transparents et réfléchissants (glaces sans tain) : ces réflecteurs additionnent sous forme de reflets les trois images.

La série des opérations photochromographiques constitue, lorsqu'elle a ainsi pour but une vision polychrome opérée à l'aide seulement d'un appareil spécial, une branche spéciale également de la photographie des couleurs : *la Chromoscopie*, ou si l'on veut : *la Mélanochromoscopie*, ou *Mélanochromie*, le tirage noir *(mélanos)* procurant de fait la vision colorée.

Synthèse antichromatique. — On crée à l'aide de chacun des trois négatifs une photocopie constituée par une matière colorante birégionale de nature transparente, répartie en épaisseurs proportionnelles aux transparences du négatif qui l'a fournie.

On tire ainsi en bleu la photocopie du négatif de l'écran rouge-orangé, en rouge cramoisi la photocopie du négatif de l'écran vert, en jaune la photocopie du négatif de l'écran bleu-violet.

Si l'on applique séparément à l'état *pelliculaire* chacune de ces trois photocopies sur un fond blanc, on voit apparaître trois images positives caractérisées respectivement comme il suit : ombres bleues sur fond blanc, ombres rouges sur fond blanc, ombres jaunes sur fond blanc.

Ces ombres de couleur correspondent aux transparences des négatifs et représentent les radiations qui n'ont point concouru à la formation de chacun d'eux. Certaines d'entre elles représentent le noir, absence de toute radiation.

Il suit de là :

1° Que les objets noirs, qui n'émettent aucune

radiation, se trouvent représentés faussement sur chaque positif par sa couleur birégionale.

2° Que les objets rouge-orangé (couleur unirégionale) sont faussement représentés sur le positif rouge et sur le positif jaune par la couleur birégionale de chacun de ceux-ci ; ils sont faussement représentés par du blanc sur le positif bleu.

3° Que les objets verts (couleur unirégionale) sont faussement représentés sur le positif jaune et sur le positif bleu par la couleur birégionale de chacun de ceux-ci ; ils sont faussement représentés par du blanc sur le positif rouge.

4° Que les objets bleu-violet (couleur unirégionale) sont faussement représentés sur le positif bleu et sur le positif rouge par la couleur birégionale de chacun de ceux-ci ; ils sont faussement réprésentés par du blanc sur le positif jaune.

5° Que les objets jaunes (couleur birégionale) *ne se trouvent point analysés en leurs deux éléments*, mais *intégralement représentés sur un seul positif*, c'est-à-dire par du jaune sur le positif jaune; ils sont faussement représentés par du blanc sur les deux autres positifs.

6° Que les objets bleus (couleur birégionale) *ne sont point analysés en leurs deux éléments,* mais *intégralement représentés sur un seul positif,* c'est-à-dire par du bleu sur le positif bleu; ils sont faussement représentés par du blanc sur les deux autres positifs.

7° Que les objets rouge-pourpre ou rouge carminé (couleur birégionale) *ne sont point analysés en leurs deux éléments,* mais *intégralement représentés sur un seul positif,* c'est-à-dire par du rouge sur le positif rouge; ils sont faussement représentés par du blanc sur les deux autres positifs.

8° Que les objets blancs (couleur trirégionale) *ne sont point analysés en leurs trois éléments,* mais *représentés intégralement par du blanc sur chacun des trois positifs.*

Ces trois positifs sont donc faux comme analyse; ils donnent une fausse et très incomplète dissection de la couleur (monochromes composites, birégionaux et pseudo-chromatiques). Mais, les mêmes photocopies pigmentaires possèdent la merveilleuse propriété, si on les superpose toutes les trois *sur un unique fond blanc*, de reconstituer d'un seul coup, par les absorptions successives que subit la lumière blanche en les traversant, les couleurs unirégionales et le noir.

En effet :

Les objets d'une couleur birégionale sont représentés matériellement sur l'image synthétique par le seul pigment de cette couleur : celle-ci apparaîtra donc naturellement sur le fond blanc.

Les objets d'une couleur unirégionale sont représentés matériellement sur l'image synthétique par deux pigments birégionaux superposés. Comme les radiations de cette couleur unirégionale sont les seules qui puissent pénétrer à la fois les deux pigments, cette couleur *étant la seule commune* aux deux pigments, celle-ci apparaît seule sur le fond blanc, les deux autres éléments unirégionaux étant successivement absorbées par les deux pigments. C'est ainsi que les pigments rouge et jaune superposés reconstituent l'orangé, les pigments jaune et bleu, le vert, les pigments bleu et rouge, le violet.

Les objets noirs sont représentés matériellement sur l'image synthétique par les trois pigments birégionaux superposés. Comme les trois sortes de radiations sont successivement absorbées, il y a production du noir.

La synthèse pigmentaire est donc un phénomène d'absorption et de soustraction de rayons par transparence. Elle offre ce caractère, soit qu'on observe la trichromie par transparence en avant d'un fond blanc, soit qu'on l'observe par réflexion en la posant ou en la constituant sur un fond blanc opaque. *Elle est un effet de transparence dans les deux cas.* Seulement, dans le second, les radiations traversent deux fois la trichromie pigmentaire : une première fois avant d'atteindre le fond blanc qui les réfléchit ; une seconde fois en revenant sur elles-mêmes à travers la trichromie. On voit par là qu'une trichromie réflexe, pour paraître de même intensité qu'une trichromie transparente, doit être constituée par des épaisseurs moitié moindres de matières colorantes.

Réseau trichrome opérant successivement la sélection et la synthèse homéochromatique. — A la méthode homéochromatique, se rattache un autre mode de sélection et de reconstitution de la couleur que je décrivis dès mes premières publications (1). Dans ce procédé, la triplicité du travail se concilie avec l'unité de surface ; le triple tamisage et la triple synthèse s'opèrent à l'aide des divisions d'une surface unique.

Pour produire l'image, tout à la fois une et triple, dont il est question, il faut en premier lieu, constituer un négatif tout spécial sur une plaque sensible à toutes les radiations. A cet effet, on met en contact avec elle dans la chambre noire, un milieu transparent (glace, membrane ou pellicule) entièrement recouvert d'un réseau trichrome divisé en raies ou compartiments très minces, la coloration translucide unirégionale de ces raies ou de chacun de ces compartiments agissant comme les écrans

(1) Brevet, journal, brochure et note mentionnés plus haut en renvoi.

colorés dont on se sert pour le triage des couleurs.

Le négatif obtenu de la sorte contiendra donc une série de raies ou de petits espaces symétriques plus ou moins opaques suivant que ces divisions correspondent à des lignes ou parties de ligne, etc., ayant filtré plus ou moins abondamment telle ou telle radiation.

On tire de ce négatif un diapositif par contact qui, regardé à travers un réseau trichrome unirégional, analogue au premier, procure, vu à distance, dès que les coïncidences linéaires sont établies, la vision intégrale du sujet original.

Ici, matériellement parlant, ce n'est plus par superposition, mais par juxtaposition que se manifeste la loi des trois couleurs. Au point de vue optique, le phénomène conserve néanmoins son premier caractère, puisque, vues d'une distance suffisante, de minces lignes contigües entre elles se confondent et additionnent par conséquent leurs lumières colorées sur la rétine.

A la vérité, ce système fournit une image polychrome trois fois moins lumineuse dans toutes ses parties que l'image polychrome pigmentaire obtenue par la méthode antichromatique.

Sur cette image en effet :

Le blanc est constitué par trois raies ou divisions dont chacune n'émet *qu'une seule des trois radiations unirégionales* et non les trois (total : trois unités de lumière pour trois raies au lieu de neuf unités).

Chaque couleur birégionale est constituée par deux raies seulement dont chacune n'émet *qu'une seule des trois radiations unirégionales et non deux,* et la troisième raie est masquée par du noir (total : deux unités de lumière pour trois raies au lieu de six unités).

Chaque couleur unirégionale est constituée par une raie seulement n'émettant que sa radiation unirégionale, et les deux autres raies sont masquées par du noir (une unité de lumière pour trois raies au lieu de trois unités).

La loi d'équilibre et d'harmonie entre les doses de chacune des trois sortes de radiations fait que l'œil ne s'aperçoit pas du moins de luminosité dont il s'agit.

Suppression éventuelle des écrans sélecteurs. — Substitution d'écrans birégionaux aux écrans unirégionaux. — Un jour viendra peut-être où la photographie se trouvera en possession de trois sortes de plaques, sensibles chacune à une seule des trois couleurs unirégionales, et toutes les trois suffisamment rapides.

Si ce fait se produisait, les écrans colorés deviendraient inutiles, et le pivot de notre invention se trouverait confiné dans une formule qui existait implicitement dès l'origine, savoir : *obtenir trois phototypes, l'un par la lumière orangée, l'autre par la lumière verte et le troisième par la lumière violette.*

Dès aujourd'hui, comme depuis l'origine, l'écran violet peut être supprimé si l'on se sert d'une plaque ordinaire non chromatisée, celle-ci étant incomparablement plus sensible aux radiations du groupe violet qu'aux autres.

Déjà aussi il est facultatif d'user d'un écran birégional lorsque la plaque employée n'est sensible qu'aux radiations de celui des deux groupes unirégionaux transmis par cet écran dont on veut faire la sélection. On peut, par exemple, se servir soit d'un écran bleu moyen soit d'un écran rouge carminé pour obtenir sur une plaque ordinaire le phototype de la lumière violette.

Il est également facultatif, pour la même raison, de se servir d'un écran jaune au lieu d'un écran vert pour obtenir sur une plaque chromatisée uniquement pour les rayons du groupe vert le phototype de la lumière verte; l'écran jaune ne sert alors qu'à intercepter les rayons du groupe violet, lesquels, à l'heure actuelle, agissent sur toutes les préparations chromatisées.

Ce même écran jaune pourrait également être substitué à l'écran orangé si l'on possédait une plaque chromatisée pour le groupe orangé, *mais suffisamment insensible au groupe vert.*

IMP. PRIEUR ET DUBOIS, PUTEAUX-S/-SEINE

www.ingramcontent.com/pod-product-compliance
Ingram Content Group UK Ltd.
Pitfield, Milton Keynes, MK11 3LW, UK
UKHW021646260726
13994UKWH00003B/1293

9 782329 412481